BEI GRIN MACHT SICH IHR WISSEN BEZAHLT

AF139905

- Wir veröffentlichen Ihre Hausarbeit, Bachelor- und Masterarbeit

- Ihr eigenes eBook und Buch - weltweit in allen wichtigen Shops

- Verdienen Sie an jedem Verkauf

Jetzt bei www.GRIN.com hochladen und kostenlos publizieren

Bibliografische Information der Deutschen Nationalbibliothek:

Die Deutsche Bibliothek verzeichnet diese Publikation in der Deutschen National-bibliografie; detaillierte bibliografische Daten sind im Internet über http://dnb.d-nb.de/ abrufbar.

Impressum:

Copyright © 2016 GRIN Verlag, Open Publishing GmbH
Druck und Bindung: Books on Demand GmbH, Norderstedt Germany
ISBN: 9783668482098

Dieses Buch bei GRIN:

http://www.grin.com/de/e-book/370637/inwieweit-beeinflusst-die-gesundheit-die-leistung-der-mitarbeiter

Suzan Atakisi

Inwieweit beeinflusst die Gesundheit die Leistung der Mitarbeiter?

GRIN Verlag

GRIN - Your knowledge has value

Der GRIN Verlag publiziert seit 1998 wissenschaftliche Arbeiten von Studenten, Hochschullehrern und anderen Akademikern als eBook und gedrucktes Buch. Die Verlagswebsite www.grin.com ist die ideale Plattform zur Veröffentlichung von Hausarbeiten, Abschlussarbeiten, wissenschaftlichen Aufsätzen, Dissertationen und Fachbüchern.

Besuchen Sie uns im Internet:

http://www.grin.com/

http://www.facebook.com/grincom

http://www.twitter.com/grin_com

Fachhochschule für angewandtes Management

Fachbereich Kommunikations- und Werbemanagement

Modul: Forschungsmethoden und angewandte Statistik

Wintersemester 2016/2017

Studienarbeit

Mitarbeiterbefragung: „Gesundes Arbeiten"

vorgelegt von

Suzan Atakisi

Inhaltsverzeichnis

1 Einleitung

Für den Erfolg des Unternehmens gibt es viele verschiedene Faktoren, die diesen positiv oder auch negativ beeinflussen können. Ein Aspekt ist die Mitarbeiterzufriedenheit. Diese wird als eine wichtige Variable für den Erfolg eines Unternehmens verstanden, da sie direkt mit der Arbeitsmotivation in Zusammenhang steht. Im Rahmen des Moduls Forschungsmethoden und angewandte Statistik soll für ein Unternehmen eine Untersuchung zu diesem Thema durchgeführt werden. Die Vorgehensweise, Auswertung und Ergebnisse sollen in Form dieser Studienarbeit festgehalten werden.

In der vorliegenden Arbeit wurde eine Untersuchung in der Firma XY durchgeführt. Zunächst wird im theoretischen Teil der Studienarbeit auf einen Aspekt zum Thema gesundes Arbeiten eingegangen. Dabei werden Untersuchungen erläutert, die im Zusammenhang mit Arbeitszufriedenheit und Gesundheit gemacht wurden. Zudem wird Bezug auf die Zwei-Faktoren-Theorie genommen. Anschließend wird die Forschungsfrage und die dazu-gehörigen zwei Hypothesen, die zu diesem Thema gemacht wurden, geschildert.

Bei der Operationalisierung werden die Skalen, die für die Untersuchungen verwendet wurden genau beschrieben. Die Formulierung und die Anzahl Items pro Skala sowie die Benennung der Pole werden genau geschildert. Anschließend wird auf die Datenerhebung eingegangen. Wie die Erhebung der Daten erfolgt ist, welche Schwierigkeiten hierbei entstanden bzw. behoben worden sind, werden genau dokumentiert.

Im Anschluss an die Beschreibung der Datenerhebung, wird die Datenauswertung behandelt. Wie genau die Daten aufbereitet wurden und wie die Stichprobe genau aussah, soll in dieser Studienarbeit festgehalten wird. Zudem wird eine Deskriptive Analyse sowie die Inferenzstatische Analyse vorgenommen. Das heißt, einerseits sollen alle Skalen anhand von Charakteristika wie Spannweite, Standartabweichung, Mittelwert, Schiefe und Kurtosis definiert werden, andererseits sollen die Ergebnisse der statistischen Verfahren zur Prüfung der aufgestellten Hypothesen visualisiert werden. Zuletzt werden in einem eigenen Gliederungspunkt diese Ergebnisse bewertet. Eine Interpretation und kritische Betrachtung der Untersuchung runden die Studienarbeit ab.

2 Theoretischer Hintergrund

Schon lange wird untersucht, in wie fern die Arbeitszufriedenheit von Mitarbeitern Einfluss auf ihre persönliche Leistung hat. Trotz Jahrzehnte langer Forschung und wissenschaftlichen Untersuchungen, konnte bis heute keine einstimmige Antwort gefunden werden. Mal weisen die Ergebnisse einen niedrigeren (Iaffaldano & Muchinsky, 1985), mal einen höheren Zusammenhang auf (Judge et al., 2001). Sicherlich kann man jedoch behaupten, dass die Arbeitszufriedenheit mindestens so stark mit der Arbeitsleistung zusammenhängt, wie mit Gewissenhaftigkeit (Barrick & Mount, 1991).

Die Richtung der Beeinflussung lässt sich aus den Ergebnissen jedoch noch nicht einschätzen. Judge et al. (2001) liefern für beide Richtungen gute Argumente. Deshalb wirft dies den Gedanken für die Unternehmensführung auf, die Leistung der Mitarbeiter aus einem anderen Ansatz heraus zu beeinflussen. Dazu müssen jedoch die restlichen Faktoren, die mit der Arbeitszufriedenheit in Verbindung stehen, aufgedeckt werden. Die Abbildung zeigt einige von ihnen.

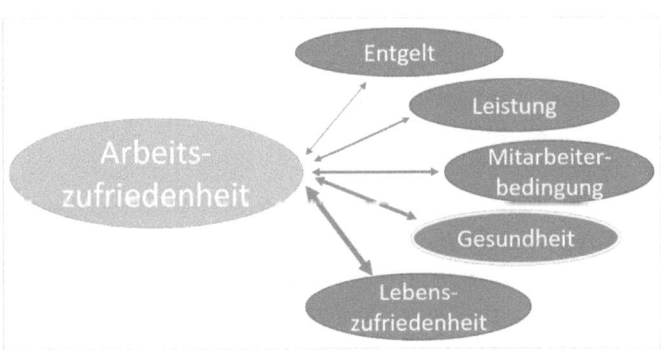

Abbildung 1: Zusammenhang zwischen Arbeitszufriedenheit und...(Eigene Darstellung in Anlehnung an Timothy Judge (2001) nach Biemann/Weckmüller in : PERSONALQuarterly 04/13)

Es ist deutlich zu erkennen, dass die Arbeitszufriedenheit unter anderem in Relation zur psychischen aber auch physischen Gesundheit steht. Dieses Ergebnis ergab eine umfangreiche Meta-Analyse, in der mehr als 250.000 Einzelfälle untersucht wurden (Faragher, Cass, & Cooper, 2005). Der Zusammenhang zwischen psychischen Beschwerden und der Arbeitszufrieden war besonders hoch. Der kausale Einfluss der Arbeitszufriedenheit auf die Gesundheit konnte anhand von Längsschnitten verdeutlicht werden (Fischer & Sousa-Poza, 2009). Die psychische aber auch physische gesundheitliche Lage der Mitarbeiter sollte deshalb in jedem Fall von Führungskräften berücksichtigt und gefördert werden.

Die Arbeitsbedingungen sollten zudem stets gesundheitsschonend bzw. fördernd sein. Da diese nach der Zwei-Faktoren-Theorie (auch Motivator-Hygiene-Theorie) von Frederick Herzberg (Herzberg, Mausner, & Snyderman, 1959, 1966) die Arbeitsmotivation der Mitarbeiter und damit auch ihre Arbeitsleistung beeinflusst. Die Zwei-Faktoren-Theorie ist speziell zur Arbeitsmotivation entstanden. Sie klassifiziert ähnlich wie Maslow (z.B. 1943) in seiner die Bedürfnispyramide die Motivziele.

Herzberg und Kollegen (1959) unterscheiden zwischen zwei Faktoren. Die sogenannten Motivatoren beziehen sich auf den Inhalt der Arbeit. Hierzu zählt Herzberg unter anderem Leistung und Erfolg, Anerkennung, Arbeitsinhalte und Verantwortung. Hygienefaktoren beziehen sich auf den Kontext der Arbeit. Hetzberg zählt hierzu unteranderem, die Sicherheit, Beziehung zu Kollegen und Vorgesetzten, Arbeitsentgelt aber auch die Arbeitsbedingungen. Es ist davon auszugehen, dass die Arbeitsbedingungen auch im Kontext zur Gesundheit zu sehen sind. Da schlechte Arbeitsbedingungen wie z.b. immense Temperaturen im Büro ohne Klimaanlage, oder alte harte Holzstühle, deshalb abgelehnt werden, da die eigene Gesundheit betroffen ist.

Hygienefaktoren können eine Arbeitszufriedenheit verhindern, nicht jedoch bewirken (vgl. Knecht, M./Pifko, C. 2010, S.114) So führt beispielsweise eine schlechte Sitzausstattung, die auf Dauer Rückenprobleme verursachen, zu Unzufriedenheit. Eine hoch moderne, gesundheitsschonende Arbeitsausstattung dagegen führt nicht automatisch zu einer hohen Arbeitsmotivation oder Zufriedenheit (Vgl. Steinmann, H./ Schreyögg, G. 2006, S. 504.).

Aus der Kombination dieser beiden Faktoren lassen sich vier Postulate ableiten

- Hohe Hygiene und hohe Motivation: Idealsituation, hohe Motivation ohne Beschwerden
- Hohe Hygiene und geringe Motivation: Keine Beschwerden aber auch keine Motivation
- Geringe Hygiene und hohe Motivation: Die Arbeit ist motivierend und herausfordernd, aber die Arbeitsbedingungen sind schlecht.
- Geringe Hygiene und geringe Motivation: Schlechteste Situation, unmotivierte Mitarbeiter mit vielen Beschwerden.

Die Theorie wird heute dahingehend kritisiert, dass sich die Ergebnisse leider nicht mit anderen Methoden außer der von Herzberg genutzten (d.h. seiner spezifischen Skalen) reproduzieren lassen. Auch wird die Trennung zwischen Hygienefaktoren und Motivatoren heute als überholt angesehen.

3 Forschungsfragen und Hypothesen

Sowie die körperliche als auch die emotionale Befassung der Mitarbeiter steht nach den oben genannten Forschungsergebnissen im hohen Zusammenhang mit der Arbeitszufriedenheit. Für das Unternehmen ist es deshalb wichtig zu erfahren, ob die Anforderungen Grund für Beschwerden sind bzw. wie die körperliche Befassung in den einzelnen Abteilungen generell sind. Auch nach der Theorie von Hertzberg und Kollegen zählen Arbeitsbedingungen aber auch Anforderungen im Sinne von körperliche Anforderungen am Arbeitsplatz, gegebene Räumlichkeiten und ähnliches zu den Hygienefaktoren. Sollten diese im Betrieb als nicht ausreichend empfunden sein bzw. tatsächlich sich bereits auf die körperliche Befassung von Mitarbeitern ausgewirkt haben, müssen unmittelbar Maßnahmen ergriffen werden.

Deshalb wird in dieser Forschungsarbeit die Frage untersucht, ob in den einzelnen Unterabteilungen der Firma XY vermehrt körperliche Beschwerden auftreten und ob es einen Zusammenhang mit den Anforderungen am Arbeitsplatz gibt.

Die Hypothese 1 hat die Beschreibung von Abteilungsunterschieden bei dem Auftreten von körperlichen Beschwerden zum Gegenstand. Die empirisch inhaltliche Hypothese lautet:

„Die Mitarbeiter/innen der verschiedenen Unterabteilungen unterscheiden sich in der Häufigkeit ihrer Körperlichen Beschwerden."

Die Hypothese 2 betrachtet den Zusammenhang von körperlichen Beschwerden und Anforderungen am Arbeitsplatz. Die empirisch inhaltliche Hypothese lautet:

„Die physischen Beschwerden der Mitarbeiter/innen stehen im Zusammenhang mit den Anforderungen am Arbeitsplatz".

4 Operationalisierung

Die Erhebung der Konstrukte „Anforderungen am Arbeitsplatz" und „körperliche Beschwerden" wurde mit Hilfe eines Fragebogens realisiert.

Die Skala „Anforderungen am Arbeitsplatz" wird im Fragebogen auf zwei Skalen aufgeteilt. Die Items beider Skalen (1a und 1b) werden in Anlehnung an den Fragebogen der KMU-vital der Gesundheitsförderung Schweiz (vgl. www.kmu-vital.ch) formuliert. Die Formulierung der ersten Skala (1a) lautet: „Wie häufig treten an Ihrem Arbeitsplatz folgende Anforderungen auf? und beinhaltet die folgenden Aspekte: Stehen; Lange Laufwege, Arbeiten in gebückter Haltung, Arbeiten auf Knien oder in der Hocke und Arbeiten über dem Kopf. Es sind somit insgesamt fünf Items, die mit Hilfe einer 5-tufigen Likert-Skala beantwortet werden müssen. Die Pole verlaufen von „nie" bis „ständig".

Die zweite Skala (1b) wird im Fragebogen mit „Wie anstrengend empfinden Sie Ihren Arbeitsplatz in Bezug auf die folgenden Merkmale" eingeleitet. und beinhaltet die drei Aspekte: „Körperliche Anstrengungen (z.B. Tragen/Heben von schweren Gegenständen)", „Gleichbleibende Körperhaltung/Zwangshaltungen" und „Beengte Raum-/Platzverhältnisse am Arbeitsplatz". Die drei Items werden ebenfalls mit Hilfe einer 5-stufigen Likert-Skala beantwortet. Allerdings ist die Bezeichnung und Reihenfolge der Pole anders. Die Endpole verlaufen von „Sehr anstrengend" bis „Gar nicht anstrengend".

Die Items der Skala „Körperliche Beschwerden" sind ebenfalls in Anlehnung an den Fragebogen der KMU-vital der Gesundheitsförderung Schweiz (vgl. www.kmu-vital.ch) formuliert. Die Skala wird mit folgendem Satz abgefragt: „Wie häufig hatten Sie in den letzten 12 Monaten folgende Beschwerden:" Sie enthält insgesamt acht Items: „Kopfschmerzen", „Nacken- oder Rückenschmerzen", „Rücken- oder Kreuzschmerzen", „Gelenk- oder Gliederschmerzen", „Schlaflosigkeit oder -störung", „Appetitlosigkeit, Magen/Verdauungs-beschwerden", „Hautprobleme/-erkrankungen, Juckreiz" und „Augenprobleme; Brennen, Rötung, Jucken, Tränen der Augen". Die Teilnehmer müssen Items wieder mit einer 5-stufigen Likert-Skala beantworten. Diesmal gehen die Endpole von „ständig" bis „nie". Die Pole wurden hier umgedreht, um bei der Auswertung festzustellen, ob die Teilnehmer den Fragebogen bewusst beantwortet haben. Oder beispielsweise alle Items schnell mit einem Kreutz der zweiten Stufe versehen haben.

Im Anhang ist ein Muster des Fragebogens zu finden, der die Skalen in ihrer Originalform nochmals darstellt. Zudem ist ein Kodierleitfaden zu finden, aus dem zu erkennen ist, wie die Items für die Kodierung und damit auch im Statistikprogramm bezeichnet werden.

5 Datenerhebung

Die Datenerhebung wurde im Dezember 2016 in der Firma XY durchgeführt. Von den 400 Beschäftigten konnten 120 Mitarbeiterinnen und Mitarbeitern zur Teilnahme motiviert werden. Die Mitarbeiterumfrage ist anonym und schriftlich verlaufen. Eine vertrauliche Handhabung der Angaben wurde zugesichert. Zur Gewährleistung des Datenschutzes werden weder der Name noch das Geburtstagdatum auf dem Fragebogen festgehalten. Die Rückgabe ist ebenfalls anonym erfolgt. So wurden allen Mitarbeitern die Fragebögen ausgeteilt. Diese konnten ihn ausgefüllt in einen Schlitz eines aufgestellten, verriegelten Briefkastens einwerfen. Um allen Mitarbeitern den Zugang gleichermaßen zu verschaffen, wurde in jeder Abteilung eine solche „Urne" aufgestellt. Alle waren undurchsichtig und verschlossen, lediglich oben mit einer kleinen Öffnung versehen. Deshalb war es bis zu Öffnung der Urnen nach Teilnahmefristablauf keinem möglich zu erblicken, wie viele Mitarbeiter an der Umfrage teilgenommen haben. Da die Urnen verriegelt gewesen sind, war es den Mitarbeitern lediglich möglich ihren Fragebogen einzuwerfen, jedoch keine Bögen herauszuziehen.

Insgesamt hatten die Mitarbeiter zehn Werktage Zeit, an der Umfrage teilzunehmen. Die Mitarbeiterumfrage wurde zum ersten Mal vier Wochen vor Start im November angekündigt. Über das Intranet sowie in einer Rundmail wurden die Mitarbeiter auf die bevorstehende Mitarbeiterbefragung hingewiesen und zur Teilnahme motiviert.

Der Betriebsrat hat außerdem verkündet, dass das körperliche und seelische Wohl seiner Mitarbeiter ihm am Herzen liege und auf Basis der Ergebnisse Maßnahmen zur Vorbeugung der physischen bzw. psychischen Befunde und damit zur Steigerung der Arbeitszufriedenheit ergreifen werde. Die Abteilungsleiter haben zudem in ihren Montagsmeetings ihre Kollegen persönlich auf die bevorstehende Mitarbeiterbefragung hingewiesen und schließlich am Montag, den 05.12.16 jedem Mitarbeiter die Fragebögen ausgeteilt. Die Urnen wurden am selben Tag aufgestellt. Bis Freitag den 16.12.16 hatten die Mitarbeiter die Möglichkeit, an der Umfrage teilzunehmen. Als weiterer Motivationsreiz wurde allen Angestellten zugesichert, sie nach Abschluss der Auswertung über die Ergebnisse zu informieren.

Die Mitarbeiterbefragung wurde bewusst schriftlich und nicht online durchgeführt, damit alle Angestellten in Ruhe und ggf. auch zu Hause sich den Fragen widmen konnten. Der Geschäftsführer war zudem der Meinung, dass online schnell nur durchgeklickt werde, und die klassische schriftliche Form mit den Urnen an eine Wahl im Wahlbüro erinnere. Somit das Gefühl der Mitarbeiter, dass sie etwas zu sagen haben, bekräftigt werde und sie folglich zur Teilnahme motivierter wären.

6 Datenauswertung

6.1 Datenaufbereitung

Nachdem die Frist für die Teilnahme an der Umfrage abgelaufen ist, wurden alle Urnen geleert und die Fragebögen zusammengetragen. Die Daten der Fragebögen wurden zunächst einmal „digitalisiert" und in Excel eingegeben. Hierbei wurden zunächst die Bögen auf Vollständigkeit geprüft. Von 120 Rückmeldungen konnten 119 für die Untersuchung verwertet werden. Ein Fragebogen musste leider aussortiert werden, da von dem unbekannten Mitarbeiter lediglich die personenbezogenen Daten ausgefüllt worden sind.

Die Fragebögen wurden gemeinsam mit einer Kommilitonin nach dem „Vier-Augen"-Prinzip eingegeben, um die Wahrscheinlichkeit der Eingabefehler zu minimieren. Dadurch konnten hinterher keine Fehler im Datenfile beobachtet werden.

Die univariate Verteilung wurde für jede erfasste Variable geprüft. Dabei wurde auf die Variation der Antworten geachtet. Ein Indikator für einen Eingabefehler der Daten hätte sein können, wenn eine Ausprägung der Likert-Skalierung absolut dominant gewesen wäre. In diesem Fall wäre das Item nochmal geprüft worden. Die eingegebenen Daten wären dann nochmals mit den Fragebögen verglichen worden.

Die Skalen zum Thema Anforderungen am Arbeitsplatz wurden bewusst im Erhebungsinstrument in zwei Fragen geteilt und unterschiedlich formuliert, damit unaufmerksame Teilnehmer herausgefiltert werden konnten. Daher lassen sich die Skalen, so wie sie im Fragebogen implementiert sind, nutzen, um unaufmerksame Teilnehmer zu identifizieren. Ein Indikator für die Unaufmerksamkeit wäre, wenn eine Person immer beispielsweise die zweite Merkmalskategorie einer Skala ankreuzt, obwohl sich die Richtung der Skalierung zwischen den Item-Batterien verändert hat.

Die Skala 1b war deshalb negativ gepolt und musste nach Prüfung der Antworten zu Analysezwecken umgepolt werden. Bei der Analyse konnten keine „Durchklicker" entdeckt werden.

Anschließen wurden die fünf Items der Skala 1a und die drei Items der Skala 1b zu einer Skala mit insgesamt acht Items zusammengefasst.

Zudem wurden zwei neue Variablen erstellt. Die Skalensummen der neu zusammengefassten Skala „Anforderung" sowie die Skalensumme der Skala „körperliche Beschwerden" wurden in Excel berechnet, um einen metrischen Wert für jeden Mitarbeiter für die beiden Skalen zu erlangen.

Neben dem Microsoft Office Programm Excel, wurde mit der Statistik Software SAS gearbeitet. Es wurde die öffentliche jedem zugängliche Internet Version SAS-University Edition verwendet. Im Anhang sind alle Berechnungen, die mit der Software durchgeführt worden sind, in Form der Syntax dokumentiert. Dazu wurden die Codes aus SAS kopiert.

6.2 Beschreibung der Stichprobe

Von den 120 Fragebögen ist ein Fragebogen bis auf die Personenbezogenen Daten nicht ausgefüllt worden, sodass dieser aussortiert und mit 119 Fragbögen gearbeitet wurde. Insgesamt wurden vier Personenbezogenen Daten hinterfragt. Das Geschlecht, Alter, die Anzahl der Jahre, die die Mitarbeiter bereits im Betrieb tätig sind und die Abteilung in der sie arbeiten wurden gefragt.

Begonnen wurde standartgemäß mit der Abfrage des Geschlechts der Mitarbeiter. Unter den 119 Mitarbeitern haben 45 weibliche und 74 männliche Mitarbeiter an der Umfrage Teilgenommen. Die Abbildung stellt die Häufigkeit in ganzen Zahlen sowie prozentual anschaulich dar.

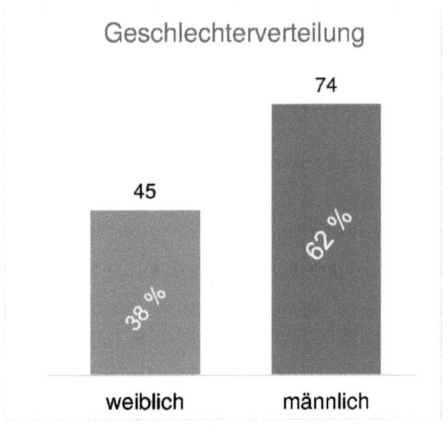

Abbildung 2: Geschlechterverteilung (Eigene Darstellung)

Zudem wurde das Alter der Mitarbeiter abgefragt. Allerdings mussten die Mitarbeiter hier aus Alterskategorien wählen. Ihr genaues Datum wurde somit nicht metrisch sondern kategorial abgefragt Die Grafik zeigt die prozentuale Altersverteilung, sowie die Altersbegrenzungen der sechs Gruppen.

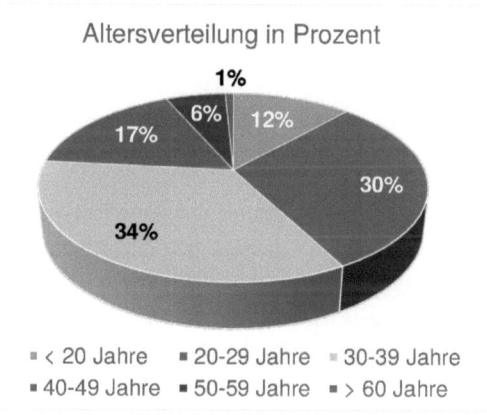

Abbildung 3: Altersverteilung in Prozent (Eigene Darstellung)

Wie die Abbildung darstellt, sind zwei Drittel der Angestellten im Alter zwischen 20 und 39 Jahren. Um genau zu sein sind 30% zwischen 20 und 29 Jahren und 34% zwischen 30 und 39 Jahren. Über 60 sind lediglich 1% und auch die zweit älteste Gruppe (50-59Jahre) ist mit 6% sehr gering ausgeprägt sind. Unter den 119 Mitarbeitern ist der Anteil an unter 20 Jährigen und 40-49 Jährigen in etwa gleich stark ausgeprägt.

Für die Umfrage war außerdem die Dauer des Arbeitsverhältnisses von Bedeutung. So wurde abgefragt, seit wie vielen Jahren die Mitarbeiter/innen in ihrem Arbeitsbereich tätig sind. Auch dies wurde nicht metrisch, sondern kategorial abgefragt. Das Balkendiagramm zeigt hierbei die Prozentuale Verteilung an.

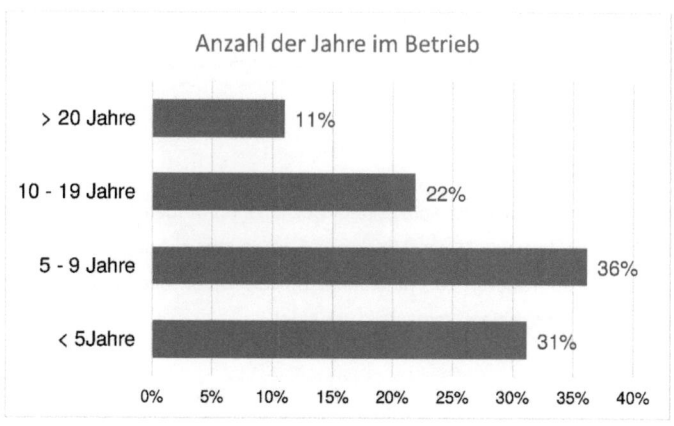

Abbildung 4: Anzahl der Jahre im Betrieb (Eigene Darstellung)

Ein knappes Drittel der 119 Mitarbeiter sind seit weniger als 5 Jahren im Betrieb beschäftigt. Ein gutes Drittel seit 5-9 Jahren und ein weiteres Drittel arbeiten seit 10 bis über 20 Jahren für das Unternehmen. Unter Berücksichtigung der Altersberteilung ist daraus zu schließen, dass die Mitarbeiter generell lange im Unternehmen bleiben und selten das Arbeitsverhältnis beenden. Was in erster Linie für die Firma XY spricht.

Da das Unternehmen mehrere Abteilungen mit grundverschiedenen körperlichen und/oder geistigen Anforderungen hat, wurde zudem nach der Unterabteilung, in der die Mitarbeiter/-innen beschäftigt sind, gefragt. Die Grafik veranschaulicht sehr deutlich, wie viele Personen aus welcher Abteilung mitgemacht haben.

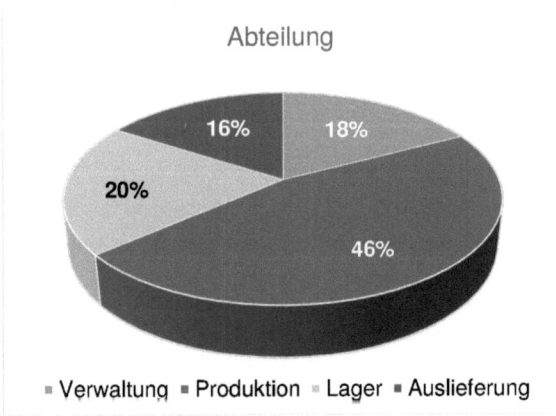

Abbildung 5: Verteilung auf die Abteilungen (Eigene Darstellung)

Von den 119 Teilnehmern arbeiten 46% in der Produktion. 20% sind in der Abteilung Lager beschäftigt, 18% in der Verwaltung und 16% arbeiten in der Auslieferung.

6.3 Deskriptive Analyse

Im Folgenden sollen die Skalen zunächst einmal beschrieben werden. Dazu wird für alle Items die Namen die Charakteristika, Mean (Mittelwert), Standartabweichung, Spannweite, Schiefe und Kurtosis sind den Tabellen zu entnehmen. Um die Daten anschaulicher zu gestalten wurden die Daten auf die dritte Kommastelle gerundet.

N	Variable	Mean	Std.ab-weichung	N	Spannw.	Schiefe	Kurtosis
Stehen	Anford. 1	2.311	1.103	119	4.000	-0.029	-0.737
Lange Laufwege	Anford. 2	2.210	1.268	119	4.000	0.077	-1.184
gebückte Haltung	Anford. 3	2.378	1.058	119	4.000	-0.723	0.110
auf Knien/Hocke	Anford. 4	1.328	1.341	119	4.000	0.558	-1.054
über Kopf	Anford. 5	1.571	1.124	119	3.000	-0.218	-1.330
Körperliche Anstr.	Anford. 6	2.403	1.264	119	4.000	-0.469	-0.669
Gleiche Haltung	Anford. 7	1.790	1.365	119	4.000	0.063	-1.314
Beengte Räume	Anford. 8	1.286	1.309	119	4.000	0.560	-0.986
Skalensumme: Anforderungen.[1]	SS_Anford.	1.960	0.597	119	2.625	-0.745	-0.048

Tabelle 1: Deskriptive Analyse der Skala "Anforderungen" (Eigene Darstellung)

Benennung im Fragebogen	Variable	Mean	Std.ab-weichung	N	Spannw.	Schiefe	Kurtosis
Kopfschmerzen	Beschw. 1	1.311	1.023	119	4.000	0.501	-0.270
Nacken-/Schulter	Beschw. 2	1.353	0.917	119	4.000	0.042	-0.544
Rücken/Kreuz	Beschw. 3	1.933	1.212	119	4.000	-0.218	-0.944
Gelenk-/Glieder	Beschw. 4	1.387	1.296	119	4.000	0.385	-1.089
Schlafstörung	Beschw. 5	0.613	0.931	119	4.000	1.298	0.742
Magen/Verdauung	Beschw. 6	0.412	0.741	119	3.000	1.961	3.514
Haut-/Juckreiz	Beschw. 7	0.303	0.743	119	4.000	2.726	7.536
Augenprobleme	Beschw. 8	0.336	0.728	119	3.000	2.197	4.022
Skalensumme: körperliche Beschw. [2]	SS_Beschw.	0.956	0.601	119	3.000	0.393	0.100

Tabelle 2: Deskriptive Analyse der Skala "Körperliche Beschwerden" (Eigene Darstellung)

---

[1] Skalensumme ist nicht im Fragebogen erhalten. Diese Variable wurde stattdessen erst nach der Datenaufbereitung gebildet. (Mittelwert aller Items der Skala pro Person.)

[2] Skalensumme ist nicht im Fragebogen erhalten. Diese Variable wurde stattdessen erst nach der Datenaufbereitung gebildet. (Mittelwert aller Items der Skala pro Person.)

6.4 Inferenzstatistische Analyse

6.4.1 Hypothese 1

Die empirisch-inhaltliche Hypothese 1 lautet: Die Mitarbeiter/innen der verschiedenen Unterabteilungen unterscheiden sich in der Häufigkeit ihrer körperlichen Beschwerden.

Die Nullhypothese lautet dementsprechend, dass die Varianz zwischen den Unterabteilungen in Bezug auf die physischen Beschwerden sich nicht unterscheidet.

Die Alternativhypothese lautet somit, dass es einen signifikanten Unterschied zwischen den Mittelwerten der körperlichen Beschwerden für die einzelnen Unterabteilungen gibt.

Da es sich hierbei um eine Unterschiedshypothese handelt und es aber mehr als 2 Abteilungen gibt, ist der t-Test nicht geeignet. Stattdessen eignet sich statistisches Verfahren die Varianzanalyse (einfache ANOVA).. Dazu werden als Variable die vier Unterabteilungen und die Skalensumme der körperlichen Beschwerden verwendet.

Für den Test wurde das in SAS voreingestellte Signifikanzniveau von 95% übernommen. D.h. es wird getestet, ob der statistische Fehler 2. Art mit 95% Wahrscheinlichkeit ausgeschlossen werden kann. Das Ergebnis der Varianzanalyse weist einen p-Wert von 0.0138 aus. Ein statistischer Fehler 2. Art kann damit sogar mit rund 99%iger Wahrscheinlichkeit ausgeschlossen werden. Der Unterschied in den Varianzen ist somit als signifikant anzusehen.

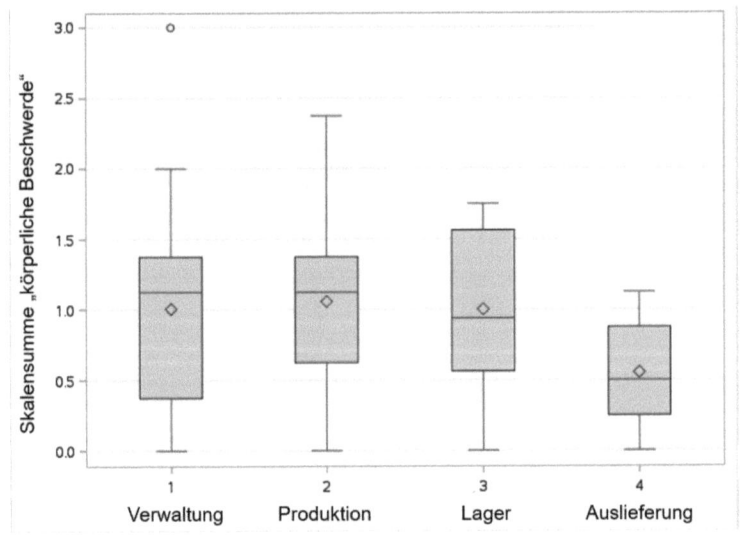

Abbildung 6: Boxplot der Varianzanalyse.
„Verteilung der Skalensumme „körperliche Beschwerden" auf die Abteilungen

| Ausprägung von Abteilungen | N | Skalensumme - körperliche Beschw. | |
		Mittelwert	Std.abweichung
1 Verwaltung	21	1.006	0.727
2 Produktion	55	1.057	0.583
3 Lager	24	1.0000	0.561
4 Auslieferung	19	0.5553	0.383

Tabelle 3: Ergebnisse Varianzanalyse (Eigene Darstellung)

Quelle	DF	Summe der Quadrate	Mittleres Quadrat	F-Statistik	Pr > F
Modell	3	3.749	1.250	3.70	0.0138
Error	115	38.832	0.338		
Korrigierte Summe	118	42.581			

Tabelle 4: Ergebnisse Varianzanalyse (Eigene Darstellung)

6.4.2 Hypothese 2

Die empirisch inhaltliche Hypothese 2: Die physischen Beschwerden der Mitarbeiter/innen stehen im Zusammenhang mit den Anforderungen am Arbeitsplatz.

Die statistische Nullhypothese lautet dementsprechend, dass die körperlichen Beschwerden der Mitarbeiter nicht mit den Anforderungen am Arbeitsplatz korrelieren, dass zwischen den beiden Variablen also kein Zusammenhang der Art wenn Variabel 1, dann Variabel 2 oder je Variabel 1, desto Variabel 2..

Die Alternativhypothese ist somit, dass es eine Korrelation zwischen den körperlichen Beschwerden der Mitarbeiter und den Anforderungen am Arbeitsplatz gib.

Zu Prüfung der Zusammenhangsthese wurde ein Korrelationstest nach Pearson durchgeführt. Der Test ist geeignet, da die abhängige und die unabhängige Variablen auf metrischem Messniveau vorliegen.

Das Ergebnis der Testes verweist auf einen signifikanten Zusammenhang. Der ausgegebene p-Wert mit 0,0135 zeigt, dass ein statistischer Fehler 2. Art mit einer Wahrscheinlichkeit von rund 99% ausgeschlossen werden kann.

Bedeutung	Wert
N	119
Pearsonsche Korrelationskoeffizienten	0.2259
p-Wert	0.0135

Tabelle 5: Ergebnis Korrelationsanalyse nach Pearson (Eigene Darstellung)

Visuelle bivariate Inspektion der Daten mittels Streudiagramm, um zu prüfen, ob nicht ein nicht-linearer Zusammenhang vorliegt (Pearson prüft nur auf lineare Zusammenhänge).

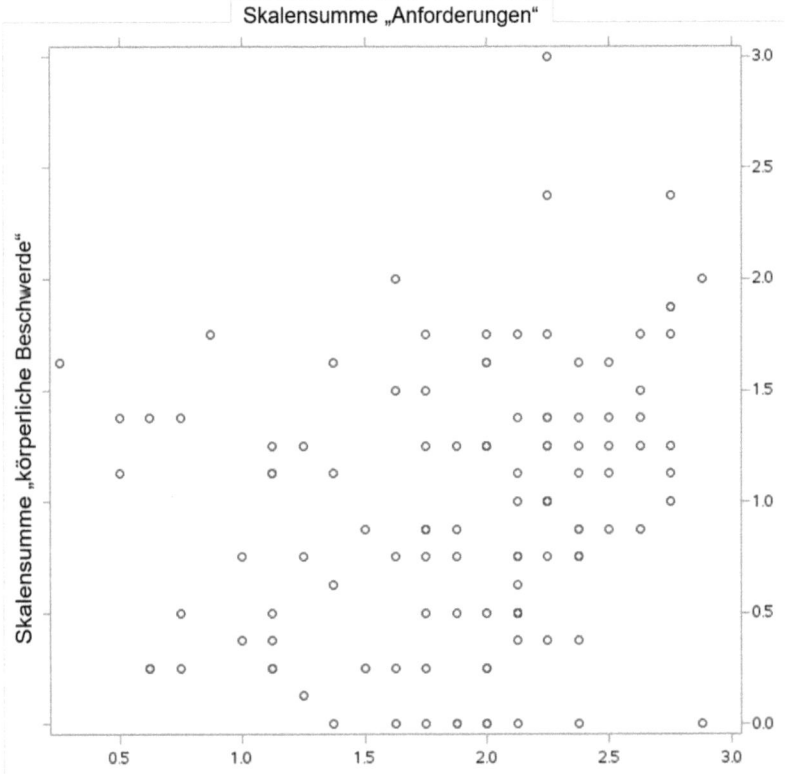

Abbildung 7: Streudiagramm-Matrix

7 Ergebniszusammenfassung

Die Ergebnisse der Berechnungen, die zur Überprüfung der Hypothesen durchgeführt worden sind, sollen im Folgenden kurz zusammengefasst werden.

Bewertung der Hypothese 1:

Die Varianzanalyse ergibt, dass bezüglich körperlicher Beschwerden Unterschieden zwischen den vier Abteilungen bestehen. Die Differenzen hinsichtlich der Datenstreuung und der zentralen Masse arithmetisches Mittel und Median sind in den Boxplots (Abbildung 6) sichtbar. So ist die Streuung in der Abteilung 2 (Produktion) deutlich ausgeprägter als in Abteilung 4 (Auslieferung).

Auch bei den Mittelwerten sind Unterschiede erkennbar. Während der höchste Mittelwert bei knapp 1,1 liegt (Produktion), hat die Auslieferung lediglich einen Mittelwert von 0,56.

Am wenigsten körperliche Beschwerden haben demnach die Mitarbeiter der Abteilung 4, die Auslieferung. Die drei anderen Abteilungen, Verwaltung Produktion und Lager haben dem Ergebnis der Varianzanalyse zufolge einen recht ähnlichen Mittelwert mit zwischen 1 und 1,1. Das Ergebnis der Varianzanalyse weist einen p-Wert von 0.0138 aus. Wie oben bereits erwähnt, kann deshalb ein statistischer Fehler 2. Art mit einer rund 99%iger Wahrscheinlichkeit ausgeschlossen werden. Das Ergebnis kann zunächst als signifikant angesehen werden und die empirisch inhaltliche Hypothese 1 „Die Mitarbeiter/innen der verschiedenen Unterabteilungen unterscheiden sich in der Häufigkeit ihrer körperlichen Beschwerden" kann somit vorläufig als bewährt bewertet werden.

Bewertung der Hypothese 2:

Da der Pearsonsche Korrelationskoeffizient mit rund 0,226 größer Null ist, liegt eine leicht positive lineare Korrelation. Ein Korrelationskoeffizient von 0 entspräche einer nicht vorhandenen linearen Korrelation zwischen den beiden Variablen. Auch das Streudiagramm visualisiert den leichten Zusammenhang, wobei die Variable „Skalensumme der Anforderungen" auf der x-Achse und die Variable „Skalensumme der körperlichen Beschwerden" auf der Y-Achse abgebildet ist.

Da der p-Wert bei 0,0135 liegt, kann ein statistischer Fehler 2. Art mit einer Wahrscheinlichkeit von rund 99% ausgeschlossen werden. Die empirisch inhaltliche Hypothese 2 „Die physischen Beschwerden der Mitarbeiter/innen stehen im Zusammenhang mit den Anforderungen am Arbeitsplatz", kann deshalb vorläufig als bewährt bewertet werden.

8 Interpretation und Ausblick

Die Deskriptive Analyse der beiden Skalen hat, wie die Tabellen 1 und 2 zeigen, alle Items und Skalensummen auf verschiedene Charakteristika wie Schiefe, Kurtosis, Mittelwert und ähnliches untersucht. Um die Normalverteilung besser bewerten zu können, ist ein Histogramm für die Dichtekurve für die beiden Variablen, „Skalensumme der körperlichen Beschwerden" sowie „Skalensumme der Anforderungen" erstellt worden. Dieses zeigt, dass keine der beiden Variablen eine Normalverteilung aufweisen.

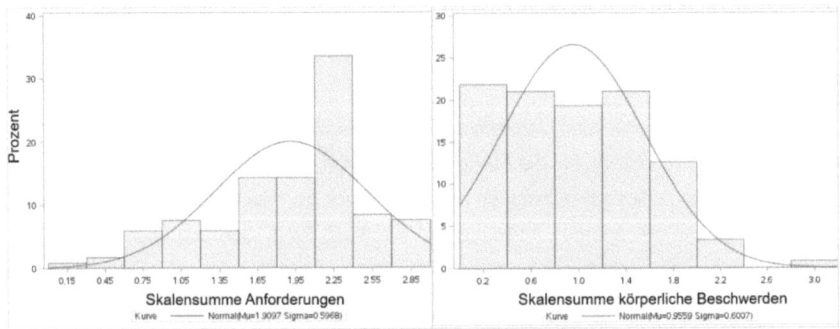

Abbildung 8: Übersicht zur Normalverteilung der Skalensumme Anforderungen und Skalensumme körperliche Beschwerden.(Eigene Darstellung)

Die Variable „Skalensumme Anforderungen" hat eine starke Ausprägung des Werts 2,25 der somit aus der Kurve „ausreißt". Abgesehen davon sind alle anderen Werte im Sinne einer Normalverteilung. Die Kurtosis (Wölbung) ist mit -0,048 kaum erkennbar und als Normalwölbung einzustufen. Die Schiefe der Kurve hingegen ist mit einem Wert von -0,745 zu erkennen. Die Dichtekurve der Variable „Skalensumme körperliche Beschwerden" hingegen weißt auf dem Histogramm keinerlei Ähnlichkeit mit einer Normalverteilung auf. Alle Boxplots sind mehr oder weniger gleich hoch und sinken in ihrem Wert nicht mit der Kurve. Die Kurve selbst hat mit einem Wert von 0,393 eine leichte Schiefe Die Wölbung ist mit rund 0,1 sehr gering.

Die Deskriptive Analyse zeigt zudem, welche körperlichen Beschwerden besonders häufig genannt wurden und welche dagegen kaum auftreten. Die Korrelationsanalyse wurde mit den Variablen „Skalensumme der körperlichen Beschwerden" sowie der Variable „Skalensumme der Anforderungen" berechnet. Mit einem Pearsonschen Korrelationkoeffizienten von 0,226 ist zwar eine Korrelation gegeben, jedoch relativ gering. Allerdings wurde die Skalensumme der körperlichen Beschwerden über alle Items gebildet und mit diesem Wert gerechnet. Aus den Daten war ersichtlich, dass manche körperliche Beschwerden wie z.B. Magenprobleme kaum bzw. bei fast keinem der 119 Mitarbeiter aufgetreten sind. Dieser geringe Wert beispielsweise hat den Wert der Skalensumme gedrückt.

Interessant wäre, die Korrelation der Anforderungen mit den einzelnen körperlichen Beschwerden bzw. mit einer Skalensumme, die nur für ausgewählte Items gebildet wurde, zu berechnen. Es ist denkbar, dass nur Muskel- Knochen- und Gelenkbeschwerden mit den Anforderungen am Arbeitsplatz korrelieren, weil beispielsweise die Sitzmöbel von schlechter Qualität sind. Dagegen aber keine Augenprobleme auftreten, weil die Bildschirme und Lichtverhältnisse sehr gut sind, oder in der Produktion ausriechend für Augenschutz gesorgt wird. Aus diesem Grunde wäre eine neue Aufteilung der Items der Skala „körperliche Beschwerden" auf unterschiedliche Skalen eine Überlegung wert. Des Weiteren wäre es interessant, die Korrelation der Werte innerhalb der einzelnen Unterabteilungen zu prüfen.

Für die Varianzanalyse gilt zudem generell dasselbe. Da die Skalensumme über alle acht körperliche Beschwerden gebildet wurde, sind die Werte pro Person teilweise nur deshalb „mittelmäßig" ausgeprägt, weil die Bewertung der Schmerzen sich gegenseitig aufgehoben hat. So werden starke Rücken- und Gelenkschmerzen eventuell durch „keine Hautprobleme" ausgeglichen. Die Varianzen zwischen den Abteilungen wären womöglich stärker, wenn die Items der körperlichen Beschwerden nicht in einer einzigen Skala zusammengefasst, sondern beispielweise auf zwei Skalen aufgeteilt werden. Eine Skala könnte z.B. Muskel, Knochen und Gelenkschmerzen enthalten, und die restlichen Beschwerden könnten die zweite Skala bilden.

Zudem sollte bei der nächsten Umfrage unbedingt eine Skala zur Arbeitszufriedenheit der Mitarbeiter mitaufgenommen werden. Tatsächlich ist zunächst interessant zu erfahren, in wie weit die Angestellten des Unternehmens mit ihrer Arbeit zufrieden sind oder nicht. Wenn hier Unzufriedenheit aufgedeckt wird, sollte zunächst geprüft werden, ob es einen Zusammenhang mit dem gesundheitlichen Befinden gibt. Dies wurde in dieser Untersuchung erst gar nicht geprüft. Denkbar wäre, dass nur bestimmte körperliche Beschwerden sich negativ auf die Arbeitszufriedenheit auswirken, andere diese vielleicht sogar nicht beeinflussen. Bei der nächsten Mitarbeiterbefragung sollte deshalb die Selbsteinschätzung der Mitarbeiter bezüglich ihrer Arbeitszufriedenheit in den Fragebogen mit aufgenommen werden, um später wirkungsreichere Maßnahmen zu ergreifen. Wenn beispielsweise die beiden Beschwerden Rückenschmerzen und Augenprobleme sehr ausgeprägt sind, aber aufgrund der Frage „wie zufrieden sind sie mit ihrem Arbeitsplatz?" heraus ginge, dass Mitarbeiter mit Augenproblemen trotzdem zufrieden mit ihrer Arbeit sind ,jedoch Mitarbeiter mit Rückschmerzen nicht, müssten zunächst Maßnahmen zur Vorbeugung und Behebung der Rückenschmerzen unternommen werden. Geschäftsführer, könnten die zur Verfügung stehenden finanziellen Mittel besser und effektiver einsetzen.

Kritisch betrachtet sollte zudem die Formulierung der dritten Skala. Zwar werden mit insgesamt acht Items nach der Häufigkeit verschiedener körperliche Beschwerden gefragt, jedoch sollte die genaue Formulierung nochmal überdacht werden. Die ersten beiden Skalen, (die nachher in der Auswertung zusammengefasst wurden), beziehen sich in ihrer Formulierung direkt auf den Arbeitsplatz. Die Formulierung der dritten Skala lautet dagegen lediglich „Wie häufig hatten Sie in den letzten 12 Monaten folgende Beschwerden:" Diese Formulierung ist womöglich zu allgemein gehalten, da nicht nachzuvollziehen ist, ob beispielweise die Schlaflosigkeit nicht aus beruflichen, sondern privaten Gründen resultiert.

In diesem Fall würde der Betrieb Mitarbeiter mit physischen Beschwerden mit einberechnen, obwohl der Auslöser für das Unwohlsein nicht durch betriebliche Maßnahmen behoben werden kann, da die Ursache eine ganz andere war.

Für diese Untersuchung und den aufgestellten Hypothesen, war von allen erhobenen personenbezogenen Daten besonders die Abteilung, in der die Mitarbeiter tätig sind, von Bedeutung. Eine kategoriale Abfrage der Variable „Alter" bzw. „Anzahl der Jahre, die Mitarbeiter bereits im Betrieb tätig sind", ist in diesem Fall ausreichend. Für weitere kommende Untersuchungen im Betrieb, in denen diese personenbezogenen Variablen auch in die Berechnungen einbezogen werden, empfiehlt es sich jedoch, diese Daten in metrischer Form abzufragen. Auf diese Weise, hat man nicht nur genauere Daten, sondern kann im Nachhinein immer noch Kategorien bilden und womöglich die Abstände - je nach Altersverteilung - anders setzen.

Des Weiteren könnte für künftige Untersuchungen die Stufenanzahl der Likert-Skala überdacht werden. Bei einer ungeraden Anzahl an Stufen, wie sie für diese Mitarbeiterbefragung gewählt wurde, gibt es immer einen Wert der genau in der Mitte liegt. Sobald jedoch eine 4-stufige oder 6-stufige Skala genutzt wird, müssen die Teilnehmer sich für einen Wert entscheiden und ihre Antwort ist automatisch „eher ja/ständig" oder „eher nein/nie". Da der Fragebogen nur wenige Skalen hatte und durchaus ein „manchmal" legitim ist, war eine 5-stufige Skala völlig in Ordnung. Sollten bei der nächsten Mitarbeiterbefragung jedoch mehr Fragen bzw. Skalen enthalten sein, die inhaltlich eine „Nicht-Mittelwert"-Antwort wünschen, müssten eine gerade Anzahl an Stufen für die Skala verwendet werden.

Auch wenn in erster Linie Unterschiede innerhalb der Abteilungen mithilfe der Varianzanalyse festgestellt worden sind, muss beachtet werden, dass die Stichprobengröße von Abteilung zu Abteilung unterschiedlich groß war. Während 55 Mitarbeiter aus der Produktion an der Umfrage teilgenommen haben, waren es lediglich 19 aus der Abteilung 4, Auslieferung. Aus den Abteilungen Verwaltung und Lager haben ebenfalls lediglich 21 bzw. 24 Mitarbeiter an der Umfrage teilgenommen. Somit haben mehr als doppelt so viele Mitarbeiter aus der Produktion teilgenommen.

Gleichzeitig muss hierbei beachtet werden, dass manche Abteilungen generell weniger groß sind als andere. In der Verwaltung arbeiten in diesem Unternehmen insgesamt 28 Personen. Bei 21 Teilnehmern ist dies mit 75% eine sehr hohe Umfragen Beteiligung. Wohingegen in der Produktion 210 Personen angestellt sind. 55 Teilnehmer ergeben lediglich eine Umfragen Beteiligung von 26%. Damit alle Werte vergleichbar sind und am Ende eine Verallgemeinbarkeit möglich ist, sollten prozentual gleich viele Mitarbeiter pro Abteilung befragt werden. Der Prozentsatz sollte entsprechend hoch sein.

Insgesamt muss bei der Interpretation der Ergebnisse berücksichtigt werden, dass lediglich 119 Angestellte von insgesamt 470 Mitarbeiter des Unternehmens an der Umfrage teilgenommen haben. Dies entspricht gerade einmal 25% der gesamten Belegschaft. Aus diesem Grund ist eine Verallgemeinerung der Ergebnisse nicht vertretbar. Stattdessen müssen mehr motivierende Aspekte für die Mitarbeiter geschaffen werden, um diese zur Teilnahme an der Umfrage zu bewegen. Erst mit einer höheren Umfragen Beteiligung können die Ergebnisse allgemein vertreten werden.

Statt den Mitarbeitern mögliche Maßnahmen nach Auswertung der Umfragen bereits vor dem Start der Umfrage anzukündigen, könnte das Unternehmen auf einem anderen Wege die Mitarbeiter motivieren. Beispielsweise könnte der Betriebsrat den Abteilungen einen Teamausflug für die ganze Abteilung auf Kosten der Firma versprechen, wenn die Wahlbeteiligung der Abteilungen über einem gewissen Prozentsatz z.B. 85% liegt. Die Anonymität bleibt weiterhin gewährleistet und die Mitarbeiter haben einen hohen Motivationsfaktor an der Umfrage teilzunehmen. Mit der höheren Wahlbeteiligung werden die Ergebnisse der Berechnungen aussagekräftig und die aufgestellten Hypothesen lassen sich mit einer höheren Verallgemeinbarkeit bewerten.

9 Literaturverzeichnis

Barrick, M., & Mount, M. (1991). The Big Five Personality Measures and Job Performance: A Meta-Analysis. Personnel Psychology, 44, p.1-26.

Faragher, B., Cass, M., & Cooper, C. (2005). The relationship between job satisfaction and health: a meta-analysis. Occupational and Environmental Medicine, 62, p.105 – 112.

Fischer, J., & Sousa-Poza, A. (2009). Does job satis-fac-tion improve the health of workers? New evidence using panel data and objective measures of health. Health Economics, 18, p. 71-89.

Herzberg, F., Mausner,B. & Snyderman, B.B. (1959). The motivation to work. Wiley: New York.

Herzberg, F. (1966): Work and the nature of man. Cleveland.

Iaffaldano, M., & Muchinsky, P. (1985). Job Satisfaction and Job Performance: A Meta-Analysis. Psychological Bulletin, 97, p.251-273.

Judge, T., Thoresen, C., Bono, J., & Pat-ton, G. (2001). The job satisfaction-job performance relationship: A qualitative and quantitative review. Psychological Bulletin, 127, 376-407.

Maslow, Abraham H. (1943). A theory of human motivation. Psychological Review, 50, p. 370-396.

KMU-vital der Gesundheitsförderung Schweiz (o.d.). aufgerufen am: 30. März 2017 von www.kmu-vital.ch

Knecht, M./Pifko, C. (2010). Psychologie am Arbeitsplatz. Eine praxisorientierte Darstellung mit zahlreichen Repititionsfragen und Lösungen, 4. Überarbeitete Auflage. Zürich: Compendio Bildungsmedien.

Steinmann, H./ Schreyögg, G.(2006) Management: Grundlagen der Unternehmensführung. Konzepte– Funktionen – Fallstudien, 6. Auflage. Wiesbaden: Springer

10 Tabellenverzeichnis

11 Abbildungsverzeichnis

Anhang 1

Muster des Fragebogens

Persönliche Angaben

Sind Sie...	
Männlich?	☐
Weiblich?	☐

Wie alt sind Sie?	
Unter 20 Jahre	☐
20 - 29 Jahre	☐
30 - 39 Jahre	☐
40 - 49 Jahre	☐
50 - 59 Jahre	☐
Über 60 Jahre	☐

Seit wie vielen Jahren sind Sie in Ihrem Arbeitsbereich tätig?	
Unter 5 Jahre	☐
5 - 9 Jahre	☐
10 - 19 Jahre	☐
20 Jahre und mehr	☐

In welcher Unterabteilung arbeiten Sie?	
Verwaltung	☐
Produktion	☐
Lager	☐
Auslieferung	☐

Wie häufig treten an Ihrem Arbeitsplatz folgende Anforderungen auf:	nie	kaum	manchmal	oft	ständig
Stehen	☐	☐	☐	☐	☐
Lange Laufwege	☐	☐	☐	☐	☐
Arbeiten in gebückter Haltung	☐	☐	☐	☐	☐
Arbeiten auf Knien oder in der Hocke	☐	☐	☐	☐	☐
Arbeit über Kopf	☐	☐	☐	☐	☐

Wie anstrengend empfinden Sie Ihren Arbeitsplatz in Bezug auf die folgenden Merkmale:	Sehr anstrengend	Ziemlich anstrengend	Es geht so	Kaum anstrengend	Gar nicht anstrengend
Körperliche Anstrengungen (z.B. Tragen/Heben von schweren Gegenständen)	☐	☐	☐	☐	☐
Gleichbleibende Körperhaltung/Zwangshaltungen	☐	☐	☐	☐	☐
Beengte Raum-/Platzverhältnisse am Arbeitsplatz	☐	☐	☐	☐	☐

Wie häufig hatten Sie in den letzten 12 Monaten folgende Beschwerden:	ständig	oft	manchmal	kaum	nie
Kopfschmerzen	☐	☐	☐	☐	☐
Nacken- oder Schulterschmerzen	☐	☐	☐	☐	☐
Rücken- oder Kreuzschmerzen	☐	☐	☐	☐	☐
Gelenk- oder Gliederschmerzen	☐	☐	☐	☐	☐
Schlaflosigkeit, Schlafstörungen	☐	☐	☐	☐	☐
Appetitlosigkeit, Magenbeschwerden, Verdauungsbeschwerden	☐	☐	☐	☐	☐
Hautprobleme/Hauterkrankungen, Juckreiz	☐	☐	☐	☐	☐
Augenprobleme: Brennen, Rötung, Jucken, Tränen der Augen	☐	☐	☐	☐	☐

Anhang 2

Kodierleitfaden

Der Datensatz enthält folgende Variable:

[A] Fall-ID-Nr. (beginnend mit 001)

[B] Geschlecht (dichotom 0=w/1=m, 888 (fehlerhafte Angabe), 999 (keine Angabe))

[C] Alter (sechsfach kategorial 1=< 20, 2=20-29J., 3=30-39J., 4=40-49J., 5=50-59J-. 6=>60J, 888 (fehlerhafte Angabe), 999 (keine Angabe)

[D] Anzahl Jahre Zugehörigkeit zum Unternehmen (vierfach kategorial 1=< 5, 2=5-9J., 3=10-19J., 4=>20J., 888 (fehlerhafte Angabe), 999 (keine Angabe))

[E] Abteilung (vierfach nominal 1=Verwaltung, 2=Produktion, 3=Lager, 4=Auslieferung)

[F,G,H,I,J, K,L,M] Skala 1 (Körperliche Anforderungen 8 Items jeweils 5-fach gestuft 0,1,2,3,4; (fehlerhafte Angabe), 999 (keine Angabe)) zwei Skalen wurden zusammengefasst. Die letzten drei Items K,L,M (ursprüngliche Skala 2) waren negativ gepolt und mussten umgepolt werden

[N] Skalensumme der Anforderungen (selbsterstellte Variable, nicht in Rohdaten vorhanden. metrisch, 888 (fehlerhafte Angabe), 999 (keine Angabe)

[O,P,Q,R,S,T,U,V] (Körperliche Beschwerden 8 Items jeweils 5-fach gestuft 0,1,2,3,4; (fehlerhafte Angabe), 999 (keine Angabe))

[W] Skalensumme der körperlichen Beschwerden (selbsterstellte Variable, nicht in Rohdaten vorhanden. metrisch, 888 (fehlerhafte Angabe), 999 (keine Angabe)

Anhang 3

Syntax Ihrer durchgeführten Berechnungen

Beschreibende Statistik

- Körperliche Beschwerden (Items 1-8) und Skalensumme der Beschwerden:

```
proc means data=WORK.IMPORT chartype mean std median n range vardef=df skewness
          kurtosis qmethod=os;
     var Beschwerden1 Beschwerden2 Beschwerden3 Beschwerden4 Beschwerden5
          Beschwerden6 Beschwerden7 Beschwerden8 SS_Beschwerde;
run;
```

- Anforderungen/Anstrengngen (Items 1-8) und Skalensumme der Anforderungen:

```
proc means data=WORK.IMPORT chartype mean std min max n vardef=df;
     var Anford__1 Anford__2 Anford__3 Anford__4 Anford__5 Anstrengung1
          Anstrengung_2 Anstrengung3 SS_Anford__Gesamt;
run;
```


Varianzanalyse

Einfache Anova Skalensumme körperliche Beschwerden und Unterabteilungen (Ort)-

```
proc glm data=WORK.IMPORT;
     class ort;
     model SS_Beschwerde=ort;
     means ort / hovtest=levene welch plots=none;
     lsmeans ort / adjust=tukey pdiff alpha=.05;
     run;
quit;
```


Korrelationsanalyse

Korrelationsanalyse von Skalensumme Anforderungen (gesamt) und Skalensumme
körperliche Beschwerden.

```
proc corr data=WORK.IMPORT pearson nosimple plots=matrix;

     var SS_Anford__Gesamt;

     with SS_Beschwerde;

run;
```